我喜爱的数学绘本

爱做记录的猫

——记录的方法

（美）特鲁迪·哈雷斯/著
（美）安德鲁·哈雷斯/绘

长春出版社
国家一级出版社
全国百佳图书出版单位

塔利·麦克纳利是一只住在小巷里的猫，特别的是，**他喜欢做记录。**

塔利整天都要记录伙伴们谁
是对的，谁是错的，

4

谁的罐子塔高，谁的罐子塔更高，

谁的罐子塔矮，谁的罐子塔更矮。

每当总结这些做过的事、说过的话时，塔利总是胜利者。

一条条、一道道、一条条
一笔一画
今天
我赢的次数

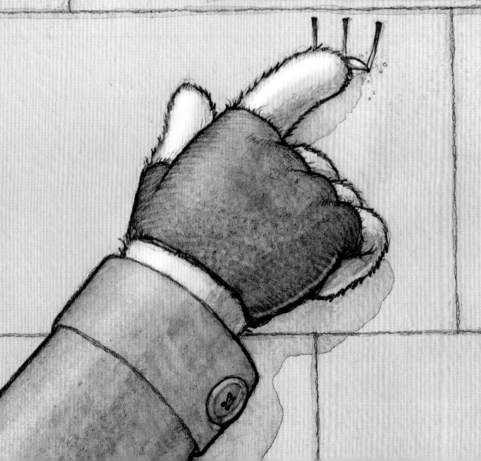

一天，汤姆被雨淋得湿漉漉的，他扑通一下坐到沙发上开始抱怨：

"我全身都湿透了，没有比我更湿的猫啦！"

但是好胜的塔利狡猾地
说："你还不是哦……"

然后，塔利站到箱子上，
咧嘴笑着宣布：

"我是塔利·麦克纳利，
我总是赢家。"

一条条、一道道
写写画画
一条条、一道道

"不对，"汤姆喊道，
"我认为你是个骗子！
为了公平起见，我们到大街上去比试一下。"

汤姆趴到水坑里，

让雨水没过他的下巴，直到他的鼻尖儿。

然后他跳起来宣布：
"现在我更湿啦，
承认吧，塔利·麦克纳利。
我更湿，
我最棒。"

"不对不对，"塔利忙说，
"现在是平局啦。
你在大街上是获胜者，
但是我在小巷里是获胜者。"

14

所以……

一条条、一道道、一条条
写呀写……

"我要做得更棒！"

伙伴们听着塔利的话，却看到他滑进了排水沟。

"啊，快停下！"汤姆大声喊道。

凯蒂也尖叫着："等等！"

16

他们说得太晚了，
可怜的塔利……
他使劲儿地抓着地面……

一条条、一道道、一条条
一道道……扑通！

"救命啊！"塔利大喊，"我掉进排水沟啦！
我不要做最湿的猫啦，
我讨厌下雨！"

18

"但是我们怎么帮你呀？
你掉得太深啦！"

"快跑去找布特，
    她最聪明，她会知道该
如何做！"

布特将手伸向塔利，然后皱着眉说道：
"我也够不到他，他掉得太深啦！
我们需要找个子更高的人，但是谁可以呢？"
排水沟里传来了塔利的声音：
"斯特普最高，快去找他。"

他们

到处找，找呀找，找呀找，
找呀找，找呀找。

斯特普伸出双臂。

他已经尽最大努力地向下伸，

但是塔利·麦克纳利还是抓不到他的手。

"如果斯特普都抓不到他，那我们谁都不行啦！"
布特说。接着她又说："我们需要重新订个计划。

我们不仅需要个子高的，还需要个子矮的。"
"好，凯蒂算一个。"他们听到塔利的叫喊声。

"我们需要最矮的、最高的和最聪明的。还不够，我们还需要一个（必须下水的）。"

他们围成一个圈，布特小声地宣布她的计划。

他们一个抓着一个，
爬进了排水沟。

25

他们紧紧抓住前面一只猫的脚，
形成了一条长链子。
汤姆在最下面，
深入排水沟，深入黑暗中。

用力伸啊，使劲儿抓，伸到最远，
伸啊伸，抓啊抓。

被困在排水沟
里的天数
1

"万岁！"他们一齐喊道："我们终于抓到他啦！"

他们一起将塔利拉出了排水沟。

他们高兴地庆祝，相互拥抱，最后和塔利挥手告别。

回到小巷后，塔利做了今天的最后一次记录。

他写着……

一条条、一道道，写呀写，画呀画

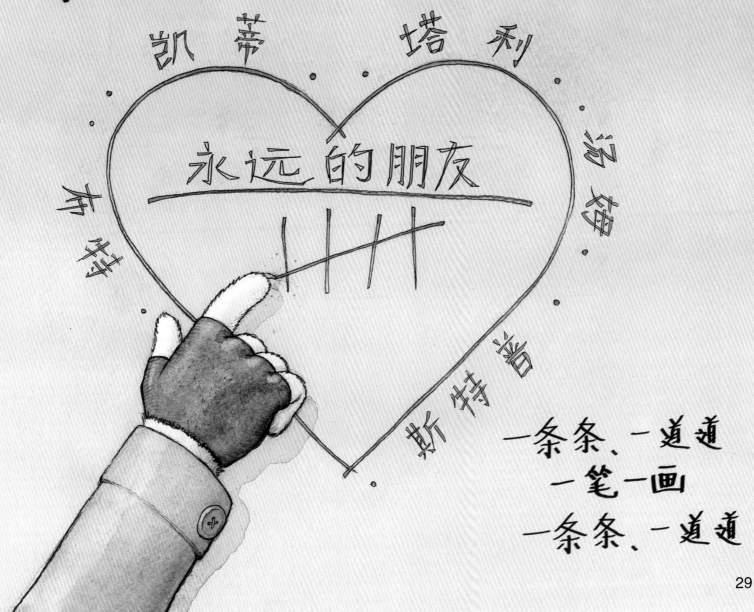

凯蒂　　塔利　　汤姆

布特　　斯特潜

永远的朋友

一条条、一道道
一笔一画
一条条、一道道

算起来！

你用手指数过数吗？用我们的手指数数是一种记录的方式，能够帮助我们计算。但是有时，数字的大小总数很可能会超出我们的10个手指头数。

数数是能帮助人们计算的另一种方式，记数可以这样做：

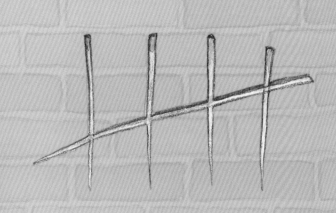

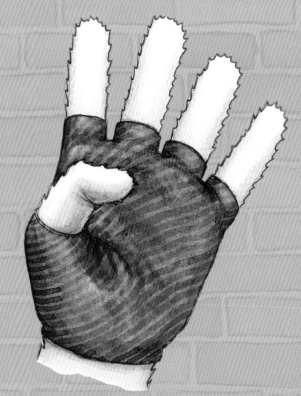

这让你想到用手指数数了吗？

我们数"1，2，3，4，加上一条斜杠代表5 "。每一条短线代表我们要记录的一件事情。我们可以增加更多这样的短线来记录。将这些短线分组，5条为一组，"6，7，8，9，加上一条斜杠代表10"。下一组是"11，12，13，14，加上一条斜杠代表15"。剩下的短线（少于5条），我们一条一条地数。下面5条短线为一组，最后剩下了3条，那么它们就是：16，17，18。

用这种方法，我们就可以同时记录好多件事情。在我们故事中的第5页，塔利·麦克纳利同时记录了他和斯特普的罐子数目。斯特普每放上一个罐子，塔利就在斯特普的名字下记上一笔；塔利每次在他的罐子塔上加放一个，也在自己的名字下记上一笔。如果他们的罐子一般大，那么这就是一个很棒的方法来比较谁搭的罐子塔高，谁的就更高。但是狡猾的塔利将他的部分罐子压小了。那会让他在记录单上增加罐子的数量，让人以为他比斯特普的更高些。你能在第6页中发现塔利是如何欺骗凯蒂，让自己的记录数目更少的吗？

吉图字 07-2014-4319 号

Math is Fun! Tally Cat Keeps Track: Text copyright ⓒ 2011 by Trudy Harris,
Illustrations copyright ⓒ 2011 by Andrew N. Harris

图书在版编目（CIP）数据

我喜爱的数学绘本 . 爱做记录的猫 /（美）特鲁迪·
哈雷斯著；（美）安德鲁·哈雷斯绘；刘洋译 . -- 长春：
长春出版社，2021.1
书名原文：Math is Fun!tally cat keep track
ISBN 978-7-5445-6215-7

Ⅰ.①我… Ⅱ.①特…②安…③刘… Ⅲ.①数学 –
儿童读物 Ⅳ.① O1-49

中国版本图书馆 CIP 数据核字 (2020) 第 240278 号

我喜爱的数学绘本·爱做记录的猫
WO XI'AI DE SHUXUE HUIBEN · AI ZUOJILU DE MAO

著　者：特鲁迪·哈雷斯		绘　者：安德鲁·哈雷斯	
译　者：刘 洋			
责任编辑：高 静 闫 言			
封面设计：宁荣刚			

出版发行　长春出版社　　　　　　　总编室电话：0431-88563443
　　　　　　　　　　　　　　　　　发行部电话：0431-88561180

地　　址：吉林省长春市长春大街 309 号
邮　　编：130041
网　　址：http://www.cccbs.net
制　　版：长春出版社美术设计制作中心
印　　刷：长春天行健印刷有限公司

开　　本：12 开
字　　数：33 千字
印　　张：2.67
版　　次：2021 年 1 月第 1 版
印　　次：2021 年 1 月第 1 次印刷
定　　价：20.00 元